KB238172
꼭꼭숨어라 섬
해적들의 본거지
N

너도 보이니? ⑦

월터 윅 지음 | 박소연 옮김

달리

CAN YOU SEE WHAT I SEE? TREASURE SHIP
by Walter Wick

Copyright © 2010 by Walter Wick
All rights reserved.
This Korean edition was published by Dahli Children's Books, Inc. in 2011 by arrangement with Scholastic Inc.,
557 Broadway, New York, NY 10012, USA through KCC(Korea Copyright Center Inc.), Seoul.
이 책의 한국어판 저작권은 (주)한국저작권센터(KCC)를 통해 저작권자와 독점계약한 (주)도서출판 달리에서 출간되었습니다.
저작권법에 의해 한국 내에서 보호를 받는 저작물이므로 무단전재와 복제를 금합니다.

너도 보이니? ❼
신나는 보물선 탐험
월터 윅 지음 | 박소연 옮김

1판 1쇄 펴냄 2011년 8월 29일
1판 20쇄 펴냄 2023년 11월 23일

책임편집 박소연 | 디자인 심홍섭

펴낸이 박소연 | 펴낸곳 (주)도서출판 달리 | 등록 2002. 6. 4.(제10-2398호)
04008 서울시 마포구 희우정로 16길, 17-5 | 전화 02) 333-3702 | 팩스 02) 333-3703
ISBN 978-89-5998-090-1 14400
       978-89-90364-57-9 (세트)

이 도서의 국립중앙도서관 출판시도서목록(CIP)은 e-CIP
홈페이지(http://www.nl.go.kr/ecip)에서 이용하실 수 있습니다.
(CIP제어번호 : CIP 2011003294)

차례

너도 보이니?

고래 꼬리 하나,
훨훨 나는 새 세 마리,
금이 간 하트 하나,
흩날리는 긴 머리칼,
번개 한 줄기,
닻 하나, 열쇠 세 개,
해 하나, 달 하나,
야자나무 일곱 그루,
파도에 밀려온 소라껍데기 하나,
몸을 똘똘 감은 뱀 한 마리,
망원경 하나,
그리고
황금 컵 하나!

R·I·SE·A·G·A·I·N
·O·U·N·T·I·F·U·L·

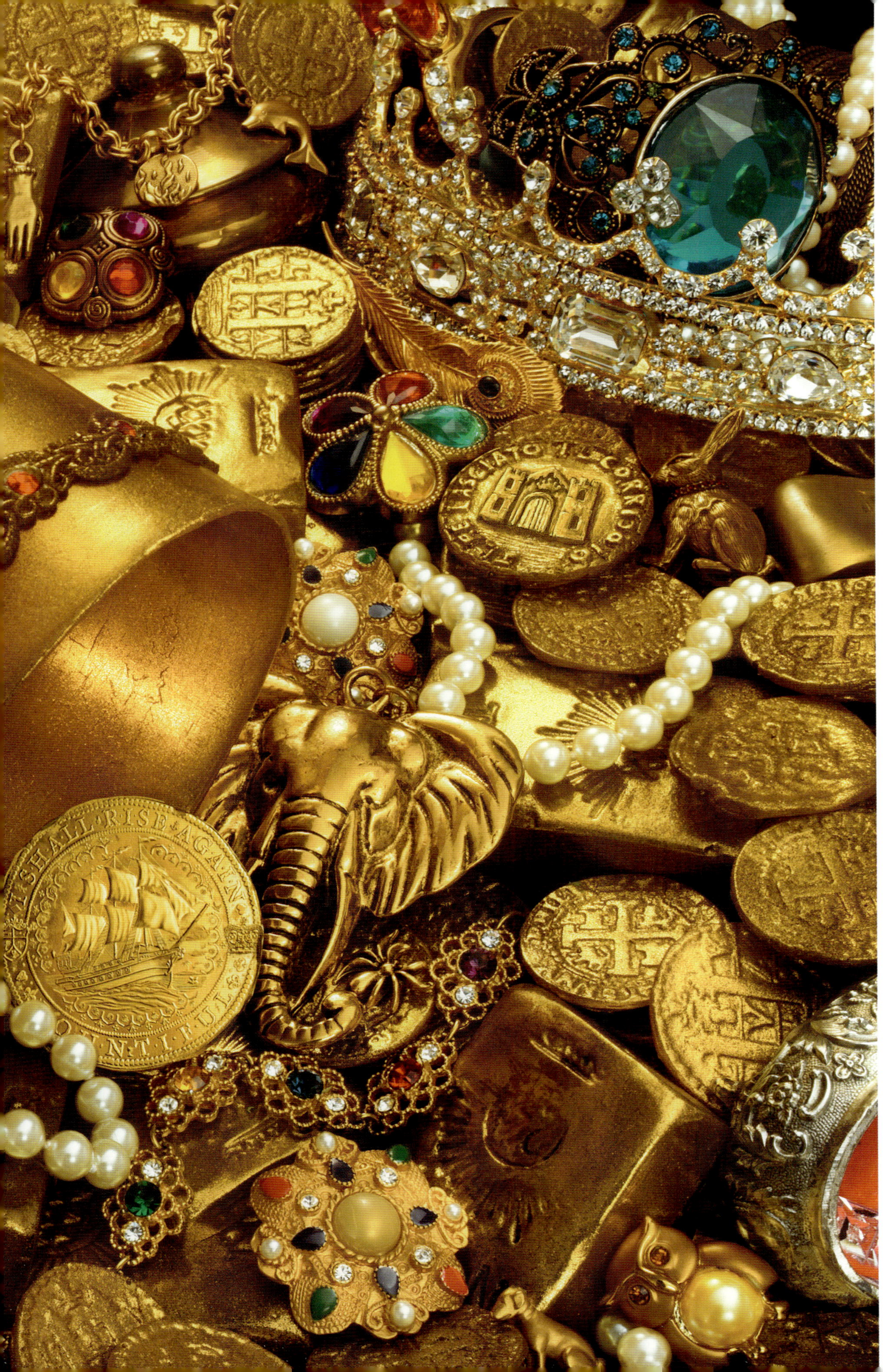

황금 컵

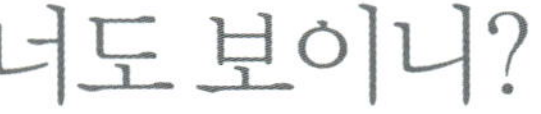

너도 보이니?

기다란 다리가 여덟 개인
바다 생물 한 마리,
해마 한 마리,
코끼리 한 마리,
유니콘 한 마리,
개구리 한 마리,
표범 한 마리,
용 한 마리,
개 한 마리,
깃털 하나,
무시무시한 해골 하나,
동전에 새겨진 황금 문 하나,
다이아몬드 검 한 자루!

그리고 또 뭐가 있지?

너도 보이니?

나비 세 마리,
잠자리 한 마리,
돼지 한 마리, 거북이 네 마리,
파란 하트 두 개,
공작새 한 마리, 마차 한 대,
가위 한 자루, 숟가락 하나,
보물함 속 벌 한 마리,
해 하나, 달 하나,
해마 두 마리,
도마뱀 한 마리,
물고기 다섯 마리,
찻주전자 하나,
오래된 포탄 하나,
그리고
깨진 접시 조각!

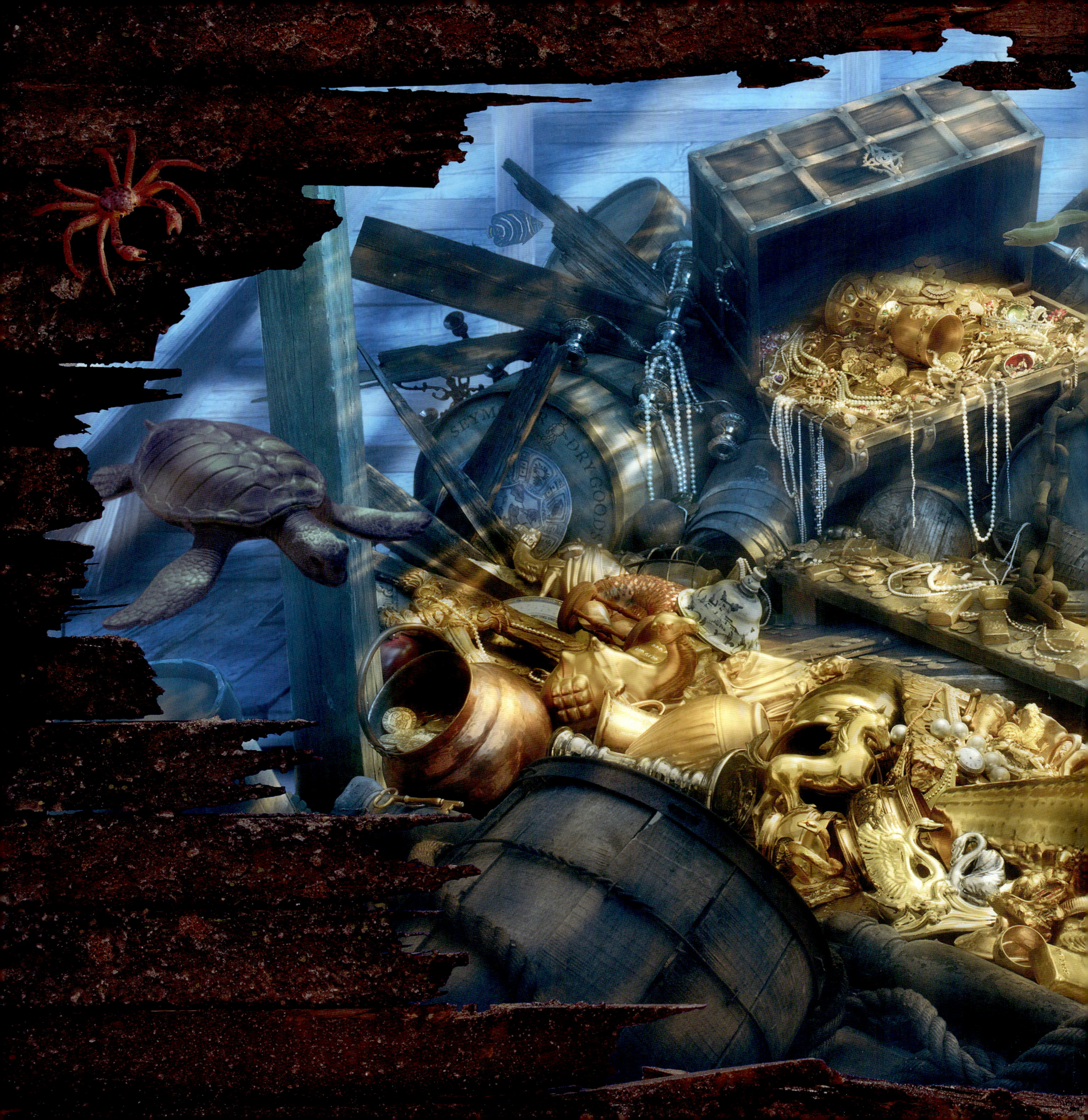

너도 보이니?

말 한 마리, 낙타 세 마리,
사자 한 마리, 어린 양 한 마리,
부엉이 한 마리, 뱀 한 마리,
수탉 한 마리, 숫양 한 마리,
은빛 백조 한 마리,
황동 열쇠 하나,
회중시계 하나,
모래시계 하나,
대포 한 문, 상어 한 마리,
호기심 많은 장어 한 마리,
거미게 한 마리,
그리고
배의 방향을 잡는
바퀴 모양 키 하나!

너도 보이니?

황금 하트 하나,
다이아몬드 반지 하나,
기사의 검 한 자루,
왕관 하나,
문어 한 마리,
조개 속 진주 한 알,
귀상어 한 마리,
거북이 네 마리, 종 하나,
코끼리 모양 찻주전자 하나,
빨래집게 하나,
그리고
오래된 난파선의
누더기가 된 돛까지!

HORSE SHOE MEDICINE CO.
COLLINSVILLE
ILL.
The Wreck of the Bountiful

병 속의 배

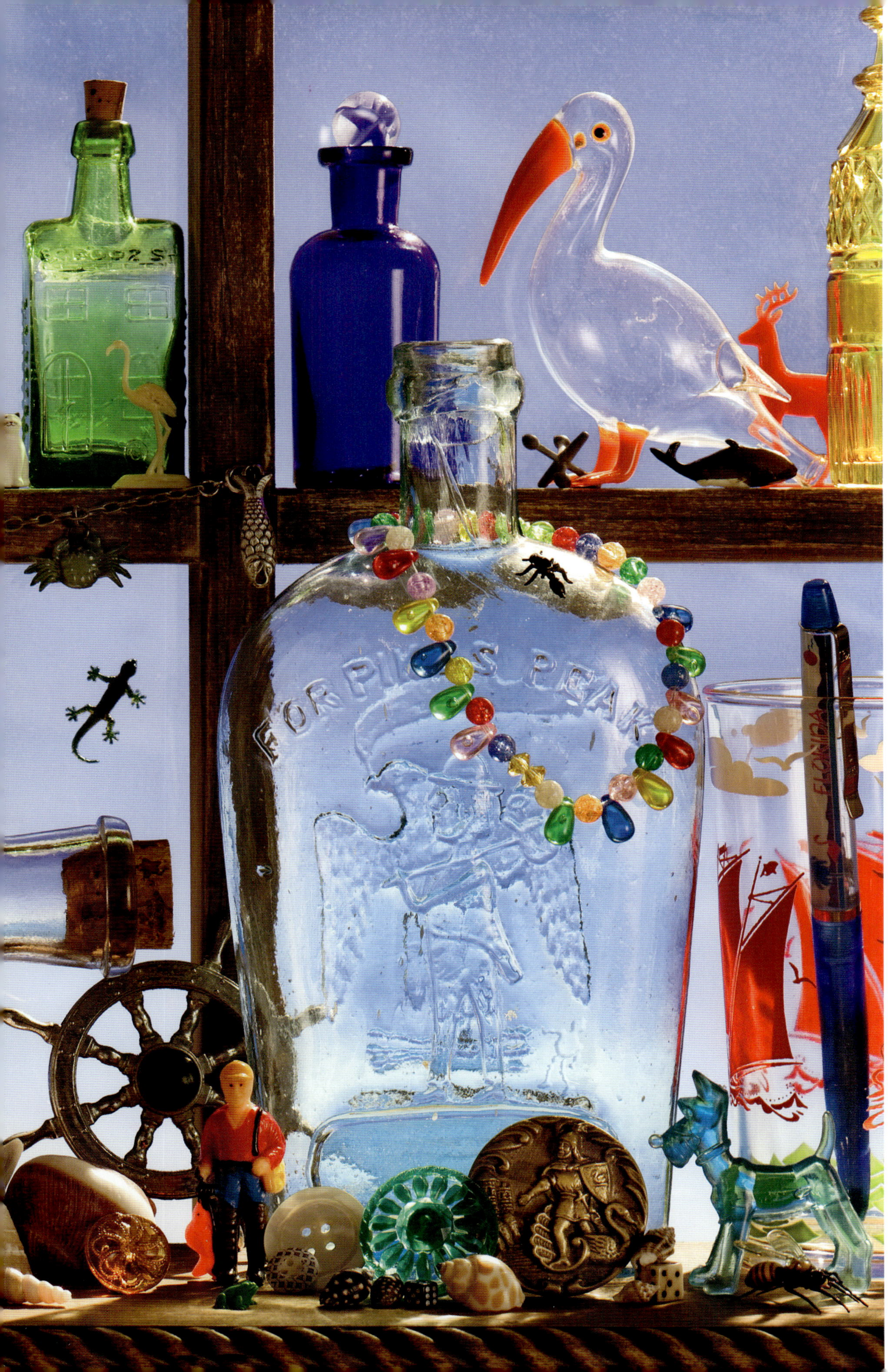

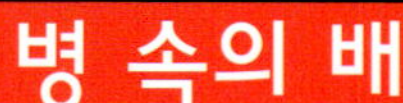

너도 보이니?

빨간 뿔 사슴 한 마리,
개미 한 마리,
개구리 한 마리,
물고기 다섯 마리,
바닷가재가 그려진 접시 한 장,
뾰족하고 하얀 상어 이빨 하나,
고양이 한 마리,
생쥐 두 마리,
방패 하나, 검 세 자루,
펜 한 자루, 주사위 세 개,
빨간 펠리컨 한 마리,
구두 한 짝!

몸을 뒤로 쑥 젖히면
새로운 세계가 보이지!

너도 보이니?

펭귄 한 마리, 양동이 하나,
바지만 입은 남자 한 명,
고래 세 마리,
바다코끼리 한 마리,
물뿌리개 하나,
악어 한 마리,
은색 용수철 하나,
원숭이 두 마리,
눈알 반지 하나,
종 하나, 나팔 하나!

온갖 색깔과 모양의 유리병들,
아직 모험은 끝나지 않았단다!

SOUVENIRS
HARBOR AVE
Can't find the TREASURE you're SEEKING? Our expert staff will be HAPPY to assist you!

너도 보이니?

낚싯대 하나,
초록 거위 한 마리,
바퀴 모양 키 세 개,
잠수함 한 척,
열쇠 하나,
비행기 한 대,
빨간 게가 그려진 접시 한 장,
오징어 한 마리,
해적 선장 모자 하나,
구명 튜브 하나,
서핑 보드 한 대!

음, 날씨도 좋은데
밖으로 한번 나가 볼까?

너도 보이니?

물뿌리개 하나,
망치 한 자루, 톱 두 자루,
화살 한 대, 닻 다섯 개,
바닷가재 집게발 네 개,
말발굽 하나,
괘종시계 하나,
낚싯바늘 하나, 파리 한 마리,
열쇠 세 개, 자물쇠 하나,
파란 파라솔 하나,
검정 부리 갈매기 한 마리,
검 한 자루, 망원경 하나,
그리고
해적의 해골까지!

Gifts
SALVAGE
Treasure
ANTIQUES
SHELL
BLACK ROCK
BRIDGE
FLORIDA
A E 1308
SOUVENIRS
AMERICAN
$2

SNACK SHACK
Marina
FUEL
JOLLY ROGER
Tackle
Scrimshaw
MAPS
SURPLUS
Gifts
SALVAGE
Treasure
SHELLS
BOAT
HARBOR MASTER
SAND WORMS
LIVE BAIT
POST CARDS
COLA
NO WAKE
2 MPH
SPEED
LIMIT
ONION RINGS
CHEESE BURGERS
FRENCH FRIES
HOT DOGS
SHRIMP BOAT
PIES
BLACK ROCK BRIDGE
1308

너도 보이니?

물에 떠 있는 배 두 척,
훨훨 나는 새 열 마리,
아이스크림콘 세 개,
용이 그려진 연 하나,
빨간 슬리퍼 한 짝,
게 한 마리,
지도 한 장,
축구공 하나,
병뚜껑 세 개,
분홍 플라밍고 한 마리,
파란 압정 하나,
그리고
엽서꽂이 위
빨간 앵무새 한 마리!

너도 보이니?

빨간 부리 하나,
고래 꼬리 하나,
하얀 상어 이빨 하나,
비행기가 남긴 연기 자국 하나,
단추 두 개,
파란 비행기 한 대,
잠자리 한 마리,
풍향계 하나,
거북이 한 마리,
층층이 쌓여 있는
조개껍데기 세 개!

이제 슬슬 일어나 볼까?

JOLLY ROGER
TAIL FIN TOYS
BOAT
FREE

너도 보이니?

개구리 한 마리,
불가사리 다섯 마리,
구부러진 빨대 하나,
포크 하나, 깃털 하나,
바닷가재 집게발 하나,
종이컵 하나,
볼펜 한 자루,
야구공 두 개,
해적 동굴 하나,
해적 깃발 하나!
앗! 저기 막 바닷가로 밀려온
황금 동전은 무엇일까?

황금 동전

고래 꼬리 하나,
훨훨 나는 새 세 마리,
금이 간 하트 하나,
흩날리는 긴 머리칼,
번개 한 줄기,
닻 하나, 열쇠 세 개,
해 하나, 달 하나,
야자나무 일곱 그루,
파도에 밀려온 소라껍데기 하나,
몸을 똘똘 감은 뱀 한 마리,
망원경 하나,
그리고 황금 컵 하나!

황금 컵

기다란 다리가 여덟 개인
바다 생물 한 마리,
해마 한 마리,
코끼리 한 마리,
유니콘 한 마리,
개구리 한 마리,
표범 한 마리,
용 한 마리,
개 한 마리,
깃털 하나,
무시무시한 해골 하나,
동전에 새겨진 황금 문 하나,
다이아몬드 검 한 자루!

보물 상자

나비 세 마리,
잠자리 한 마리,
돼지 한 마리, 거북이 네 마리,
파란 하트 두 개,
공작새 한 마리, 마차 한 대,
가위 한 자루, 숟가락 하나,
보물함 속 벌 한 마리,
해 하나, 달 하나,
해마 두 마리, 도마뱀 한 마리,
물고기 다섯 마리,
찻주전자 하나,
오래된 포탄 하나,
그리고 깨진 접시 조각!

난파선 안

말 한 마리, 낙타 세 마리,
사자 한 마리, 어린 양 한 마리,
부엉이 한 마리, 뱀 한 마리,
수탉 한 마리, 숫양 한 마리,
은빛 백조 한 마리,
황동 열쇠 하나,
회중시계 하나,
모래시계 하나,
대포 한 문, 상어 한 마리,
호기심 많은 장어 한 마리,
거미게 한 마리,
그리고 배의 방향을 잡는
바퀴 모양 키 하나!

바다 밑에서

황금 하트 하나,
다이아몬드 반지 하나,
기사의 검 한 자루,
왕관 하나,
문어 한 마리,
조개 속 진주 한 알,
귀상어 한 마리,
거북이 네 마리, 종 하나,
코끼리 모양 찻주전자 하나,
빨래집게 하나,
그리고 오래된 난파선의
누더기가 된 돛까지!

병 속의 배

빨간 뿔 사슴 한 마리,
개미 한 마리,
개구리 한 마리,
물고기 다섯 마리,
바닷가재가 그려진 접시 한 장,
뾰족하고 하얀 상어 이빨 하나,
고양이 한 마리,
생쥐 두 마리,
방패 하나, 검 세 자루,
펜 한 자루, 주사위 세 개,
빨간 펠리컨 한 마리,
구두 한 짝!

바다가 보이는 창

펭귄 한 마리, 양동이 하나,
바지만 입은 남자 한 명,
고래 세 마리,
바다코끼리 한 마리,
물뿌리개 하나,
악어 한 마리,
은색 용수철 하나,
원숭이 두 마리,
눈알 반지 하나,
종 하나, 나팔 하나!

바닷가 가게

낚싯대 하나,
초록 거위 한 마리,
바퀴 모양 키 세 개,
잠수함 한 척,
열쇠 하나,
비행기 한 대,
빨간 게가 그려진 접시 한 장,
오징어 한 마리,
해적 선장 모자 하나,
구명 튜브 하나,
서핑 보드 한 대!

가게 앞에서

물뿌리개 하나,
망치 한 자루, 톱 두 자루,
화살 한 대, 닻 다섯 개,
바닷가재 집게발 네 개,
말발굽 하나,
괘종시계 하나,
낚싯바늘 하나, 파리 한 마리,
열쇠 세 개, 자물쇠 하나,
파란 파라솔 하나,
검정 부리 갈매기 한 마리,
검 한 자루, 망원경 하나,
그리고 해적의 해골까지!

가게 졸리 로저

물에 떠 있는 배 두 척,
훨훨 나는 새 열 마리,
아이스크림 콘 세 개,
용이 그려진 연 하나,
빨간 슬리퍼 한 짝,
게 한 마리,
지도 한 장,
축구공 하나,
병뚜껑 세 개,
분홍 플라밍고 한 마리,
파란 압정 하나,
그리고 엽서꽂이 위
빨간 앵무새 한 마리!

집으로 보내는 엽서

빨간 부리 하나,
고래 꼬리 하나,
하얀 상어 이빨 하나,
비행기가 남긴 연기 자국 하나,
단추 두 개,
파란 비행기 한 대,
잠자리 한 마리,
풍향계 하나,
거북이 한 마리,
층층이 쌓여 있는
조개껍데기 세 개!

밀물

개구리 한 마리,
불가사리 다섯 마리,
구부러진 빨대 하나,
포크 하나, 깃털 하나,
바닷가재 집게발 하나,
종이컵 하나,
볼펜 한 자루,
야구공 두 개,
해적 동굴 하나,
해적 깃발 하나!
앗! 저기 막 바닷가로 밀려온
황금 동전은 무엇일까?

《너도 보이니? ❼ : 신나는 보물선 탐험》에서 독자가 첫 번째로 만나는 소품인 황금 동전에는 '나는 다시 일어설 것이다'라고 새겨져 있습니다. 이 글귀로 보아 언젠가 실패를 한 보물선 주인이 새로운 배와 여행을 기념하기 위해 황금 동전을 만들었을지도 모르겠다는 생각이 듭니다.

깊이 생각하고 머리를 짜내어 연출한 이 책의 사진들은 독자 스스로 상상의 날개를 펼쳐 생생한 이야기를 풀어낼 수 있도록 감질 나는 단서를 제공합니다. 아주 오래전부터 전해지는, 난파선이라든가 잃어버린 보물에 관련된 수많은 전설과 소문들처럼 재미난 이야기를 만들 수 있도록 말이지요. 예를 들면, 바운티풀호는 표지에서는 아슬하고 아찔한 모습으로, 동전 속에서는 당당하고 설레는 모습으로 등장합니다. 때로는 물속에 잠긴 난파선으로, 또 병 속에 갇힌 장난감으로도 나타나지요. 이렇듯 바운티풀호는 여러가지 모습으로 등장하면서 배의 운명에 대해 말해 줍니다.

이 책에서 특히 흥미로운 것은 〈가게 졸리 로저(JOLLY ROGER)〉입니다. 이 가게는 바닷가에 떠밀려온 배의 일부일까요, 아니면 오래된 전설에서 영감을 받아 배 모양으로 지은 가게일까요? 이 질문에는 틀린 답도 맞는 답도 없습니다. 무엇을 상상하든, 어떤 답을 내놓든, 중요한 것은 독자 스스로 200개가 넘는 물건과 동물 등을 찾아보며 자기만의 이야기를 만들어 나가는 것입니다. 날카로운 눈과 자유로운 생각, 넘치는 상상력이야말로 《너도 보이니? ❼ : 신나는 보물선 탐험》을 즐기기 위한 진정한 보물이겠지요.

감사의 말

오랫동안 많은 예술가와 사진작가들은 이 책에 이용된 '줌' 기법에 많은 관심을 보였습니다. 특히 언제나 또렷한 이미지를 얻을 수 있는 해상도 높은 사진을 원하는 작가들이 그랬지요. 나는 줌 효과를 극대화하기 위해 미니어처와 실제 크기의 세트를 만들고, 소품들을 이리저리 섞고, 짜깁기하여 사진을 찍었습니다.

그러나 헌신적이고 재능 있는 여러 작가의 도움이 없었다면 이 책은 세상에 나오지 못했을 것입니다. 특히 랜디 질먼은 빛바랜 건물(진짜처럼 보이는 야자나무로 완성도를 높인)을 포함한 많은 소품들을 만들었습니다. 그리고 아주 교묘하고도 멋진 '모래 상자'를 고안해 내어 진짜 모래와 물로 스튜디오에서도 실제 같은 바닷가를 연출했고, 덕분에 우리는 〈밀물〉을 완성할 수 있었습니다.(거대한 파도는 따로 찍어 디지털 방식으로 합성하였습니다.) 마이클 갤빈은 그 많은 모형들을 만들고 꼼꼼하게 다듬었습니다. 플라스틱이 실제 금처럼 보이는 방법을 찾아내어, 수백 개의 황금 동전과 금괴를 만들었습니다. 스튜디오 매니저인 댄 헬트는 전체 일정을 조율하고 여러 곳에서 전문가로서 실력을 발휘했습니다. 소품들을 정리하고, 모든 제작진이 불편함이 없도록 세심하게 배려해 준 에밀리 카파에게도 고마움을 전합니다. 그리고 마지막으로, 그 숱한 주말을 남편 없이 보내면서도 끈기와 인내심을 갖고 기다려 준 나의 아내 린다의 보이지 않는 후원과 무한한 예술적 지혜에도 고맙다고 말하고 싶습니다.

＊이 책의 모든 세트는 월터 윅이 디자인하고, 배치하고, 촬영하여 컴퓨터 프로그램으로 수정했습니다. 부분적으로 사용된 랜디 질먼의 그림 역시 월터 윅이 촬영하였습니다.

월터 윅은 전 세계적으로 3천만 부 가까이 판매된 〈나는 찾아요〉 시리즈의 작가입니다. 그가 직접 글을 쓰고 사진을 찍은 《물 한 방울》은 '보스턴 글로브 혼 북' 상을 받았으며, 미국 도서관 협회의 '주목할 만한 책', '오르비스 픽톡스 명예 도서', 캐나다 방송 협회의 '우수 어린이 과학도서'로 선정되었습니다. 또 다른 책 《눈속임》 역시 미국 도서관 협회의 '주목할 만한 어린이 책', 〈뉴욕타임스〉 북리뷰의 '우수 어린이 그림책'으로 선정되었으며, 〈오펜하임 장난감 작품 선집〉의 '플래티늄 상', 〈사이언티픽 아메리칸〉의 '어린이 독자상', 미국 학부모들이 고른 '좋은 책' 상 등 여러 상을 받았습니다. 파이어 미술대학을 졸업한 월터 윅은 현재 미국 코네티컷주에서 부인 린다와 함께 살고 있습니다.

＊월터 윅에 관련된 더 많은 정보는 www.walterwick.com에서 보실 수 있습니다.

박소연은 미국 스미스 대학교에서 경제학을 공부하고, 서울 대학교에서 경영학 석사 과정인 MBA를 졸업하였습니다. 지금은 어린이책을 기획하고 번역하고 있습니다. 옮긴 책으로는 《핑!》, 《용기 있는 아이 메이플》, 《우리 다시 만나요》, 《떠나고 싶은 날에는》, 《많아요》, 《엄마가 항상 곁에 있을게》, 《내가 사랑하는 나무의 계절》, 〈리틀 피플 빅 드림즈〉 시리즈 등이 있습니다.

특명, 해적을 피해 보물선을 찾아라!
안전한 바닷길
해적이 다니는 바닷길
배가 가라앉았다고 짐작되는 지점
보물열쇠섬
검은 바위 하나
뼈다귀섬